GRAND LIVRE DE COLORIAGE DINOSAURES
Tyrex - Triceratops
Diplodocus - Stégosaurus

RECONSTITUE LA VIE DES DINOSAURES À L'AIDE DE COLORIAGES RÉALISTES.

Colorie avec de belles couleurs les dessins des plus grands dinosaures et paysages du Jurassique.

Découpe en suivant les pointillés les coloriages de dinosaures et encadre-les.

© Tous Droits Réservés - Editions Crayon Bleu ™

Tous droits réservés. Aucune partie de ce livre ne peut être utilisée ou reproduite de quelque manière que ce soit sans autorisation écrite, sauf dans le cas de brèves citations figurant dans des articles et des critiques. édition : 2021 - 2022

RAPPEL

Malgré la protection des pages à colorier

Nous conseillons à nos jeunes paléontologues de privilégiés des crayons de couleur ou des feutres à pointe fine.

© Tous Droits Réservés - Editions Crayon Bleu ™

EDITIONS CRAYON BLEU

Merci d'avoir acheté notre livre de coloriage de dinosaures. Nous l'avons élaboré avec passion et nous espérons qu'il vous plaira autant que nous avons aimé le concevoir.

Si vous avez aimez notre livre de coloriage pour amuser votre enfant, n'hésitez pas à nous soutenir en nous laissant une évaluation sur Amazon.

Cela nous encourage pour d'autres créations !

D'ailleurs pour découvrir nos autres livres de coloriages, nous vous invitons à scanner le QR CODE , cela vous dirigera directement vers notre page d'auteur sur Amazon.

© Tous Droits Réservés - Editions Crayon Bleu ™

Si vous le souhaitez, vous pouvez découper les bords du dessin pour encadrer votre coloriage.

© Tous Droits Réservés - Éditions Crayon Bleu ™

Si vous le souhaitez, vous pouvez découper les bords du dessin pour encadrer votre coloriage.

© Tous Droits Réservés - Editions Crayon Bleu ™

Si vous le souhaitez, vous pouvez découper les bords du dessin pour encadrer votre coloriage.

© Tous Droits Réservés - Editions Crayon Bleu ™

Si vous le souhaitez, vous pouvez découper les bords du dessin pour encadrer votre coloriage.

© Tous Droits Réservés - Editions Crayon Bleu ™

Si vous le souhaitez, vous pouvez découper les bords du dessin pour encadrer votre coloriage.

© Tous Droits Réservés - Editions Crayon Bleu ™

Si vous le souhaitez, vous pouvez découper les bords du dessin pour encadrer votre coloriage.

© Tous Droits Réservés - Editions Crayon Bleu ™

Si vous le souhaitez, vous pouvez découper les bords du dessin pour encadrer votre coloriage.

© Tous Droits Réservés - Editions Crayon Bleu ™

Si vous le souhaitez, vous pouvez découper les bords du dessin pour encadrer votre coloriage.

© Tous Droits Réservés - Editions Crayon Bleu ™

Si vous le souhaitez, vous pouvez découper les bords du dessin pour encadrer votre coloriage.

© Tous Droits Réservés - Editions Crayon Bleu ™

Si vous le souhaitez, vous pouvez découper les bords du dessin pour encadrer votre coloriage.

© Tous Droits Réservés - Editions Crayon Bleu ™

Si vous le souhaitez, vous pouvez découper les bords du dessin pour encadrer votre coloriage.

© Tous Droits Réservés - Editions Crayon Bleu ™

Si vous le souhaitez, vous pouvez découper les bords du dessin pour encadrer votre coloriage.

© Tous Droits Réservés - Éditions Crayon Bleu ™

Si vous le souhaitez, vous pouvez découper les bords du dessin pour encadrer votre coloriage.

© Tous Droits Réservés - Editions Crayon Bleu ™

Si vous le souhaitez, vous pouvez découper les bords du dessin pour encadrer votre coloriage.

© Tous Droits Réservés - Editions Crayon Bleu ™

Si vous le souhaitez, vous pouvez découper les bords du dessin pour encadrer votre coloriage.

© Tous Droits Réservés - Éditions Crayon Bleu ™

Si vous le souhaitez, vous pouvez découper les bords du dessin pour encadrer votre coloriage.

© Tous Droits Réservés - Editions Crayon Bleu ™

Si vous le souhaitez, vous pouvez découper les bords du dessin pour encadrer votre coloriage.

© Tous Droits Réservés - Editions Crayon Bleu ™

Si vous le souhaitez, vous pouvez découper les bords du dessin pour encadrer votre coloriage.

© Tous Droits Réservés - Editions Crayon Bleu ™

Si vous le souhaitez, vous pouvez découper les bords du dessin pour encadrer votre coloriage.

© Tous Droits Réservés - Editions Crayon Bleu ™

Si vous le souhaitez, vous pouvez découper les bords du dessin pour encadrer votre coloriage.

© Tous Droits Réservés - Editions Crayon Bleu ™

Si vous le souhaitez, vous pouvez découper les bords du dessin pour encadrer votre coloriage.

© Tous Droits Réservés - Editions Crayon Bleu ™

Si vous le souhaitez, vous pouvez découper les bords du dessin pour encadrer votre coloriage.

© Tous Droits Réservés - Editions Crayon Bleu ™

Si vous le souhaitez, vous pouvez découper les bords du dessin pour encadrer votre coloriage.

© Tous Droits Réservés - Editions Crayon Bleu ™

Si vous le souhaitez, vous pouvez découper les bords du dessin pour encadrer votre coloriage.

© Tous Droits Réservés - Editions Crayon Bleu ™

Si vous le souhaitez, vous pouvez découper les bords du dessin pour encadrer votre coloriage.

© Tous Droits Réservés - Editions Crayon Bleu ™

Si vous le souhaitez, vous pouvez découper les bords du dessin pour encadrer votre coloriage.

© Tous Droits Réservés - Editions Crayon Bleu ™

Si vous le souhaitez, vous pouvez découper les bords du dessin pour encadrer votre coloriage.

© Tous Droits Réservés - Editions Crayon Bleu ™

Si vous le souhaitez, vous pouvez découper les bords du dessin pour encadrer votre coloriage.

© Tous Droits Réservés - Editions Crayon Bleu ™

Si vous le souhaitez, vous pouvez découper les bords du dessin pour encadrer votre coloriage.

© Tous Droits Réservés - Editions Crayon Bleu ™

Si vous le souhaitez, vous pouvez découper les bords du dessin pour encadrer votre coloriage.

© Tous Droits Réservés - Editions Crayon Bleu ™

Si vous le souhaitez, vous pouvez découper les bords du dessin pour encadrer votre coloriage.

© Tous Droits Réservés - Editions Crayon Bleu ™

Si vous le souhaitez, vous pouvez découper les bords du dessin pour encadrer votre coloriage.

© Tous Droits Réservés - Editions Crayon Bleu ™

Si vous le souhaitez, vous pouvez découper les bords du dessin pour encadrer votre coloriage.

© Tous Droits Réservés - Editions Crayon Bleu ™

Si vous le souhaitez, vous pouvez découper les bords du dessin pour encadrer votre coloriage.

© Tous Droits Réservés - Editions Crayon Bleu ™

Si vous le souhaitez, vous pouvez découper les bords du dessin pour encadrer votre coloriage.

© Tous Droits Réservés - Editions Crayon Bleu ™

Si vous le souhaitez, vous pouvez découper les bords du dessin pour encadrer votre coloriage.

© Tous Droits Réservés - Éditions Crayon Bleu ™

Si vous le souhaitez, vous pouvez découper les bords du dessin pour encadrer votre coloriage.

© Tous Droits Réservés - Editions Crayon Bleu ™

Si vous le souhaitez, vous pouvez découper les bords du dessin pour encadrer votre coloriage.

© Tous Droits Réservés - Editions Crayon Bleu ™

Si vous le souhaitez, vous pouvez découper les bords du dessin pour encadrer votre coloriage.

© Tous Droits Réservés - Editions Crayon Bleu ™

www.ingramcontent.com/pod-product-compliance
Lightning Source LLC
Chambersburg PA
CBHW081453220526
45466CB00008B/2617